與你分享文具
的美好！

Pooi Chin
戀手帳

文房具的究極不思議

Pooi Chin 著

prologue

有一天當你發現，

看到香水瓶，想的卻是墨水瓶；

聞到紙張的氣味比聞香水味還陶醉；

在咖啡館留意的是菜單所用的紙張而不是食物；

手機裡收納的照片都是關於創意手作和文具；

迷戀的都是筆、墨、紙和印章時，

你就知道，你生命裡已經離不開文具了。

從小就對文具情有獨鍾，也許是因為文具能讓
自己在學校上課的時光更有樂趣。把最喜愛的
鉛筆盒擺在桌上，有幾支鉛筆或橡皮擦輪流使
用，文具像是上課時可以正大光明欣賞著的玩
具。這裡分享的是這五年多來自己和文具產生
的火花。

因為文具，因為相同愛好，因為志同道合，因為分享，所以更快樂。和朋友聚會的話題總離不開文具，餐桌上佈滿的是紙膠帶、手帳本、鋼筆和墨水；旅行時，安排的行程是和筆友見面；追求的風景是國外特色文具屋。有人說我傻，但能夠很用力的愛著自己做的事情，與志同道合的朋友分享共同話題，大家願意一起研究文具素材且交換心得，把珍貴且真實旅程留一部分給在虛擬世界結交的朋友。欣賞國外的店鋪，品味店主的選物，陳列方式、每個角落都有一段故事，每種風格都別有一番風味。這樣不太平凡的方式，讓心靈滿溢。

寫手帳讓我學會關注生活的小細節，把自己經歷過和所想到的都記錄下來，也像是一種提醒。當生活面臨低潮，這些平時累積下來的小小美好便足以安撫心靈，接受在人生發生不如意的事，也讓自己學會如何克服心裡的不快，跟自己說要更堅強。偶爾手帳裡還留著自己的淚痕，像是：小時候擦拭眼淚的被單！因為記載生活，所以感受生命值得收藏的每一刻，就這樣，好的事情被放大了，自然地更珍惜當下。

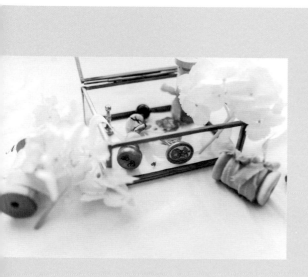

擔心不知該在手帳寫什麼？那就隨心所欲，自由發揮。像是對自己喜歡的人抒發情感，喜怒哀樂都想分享！

有時候創意拼貼，讓色調表達情感。

有時候一張照片，一個表情，手帳能明白的。

contents

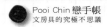

市面上有太多手帳品牌，沒有最好的手帳，只有最適合自己的手帳。

而我的選擇是「Traveler's Company」（之前是「Midori」）的 Travelers' Notebook。主要原因，純粹是一見鍾情，也因為是自己在 2013 年第一次接觸到牛皮書皮與這樣長型比例的筆記本。

PART **1**

手帳人生：熱愛活著的每一刻

寫手帳可以提醒自己生命的意義，
記錄各式各樣的小事物和萌發的創意，
珍惜與手帳相依和生活的每分每秒。

隨心自在
創作

偶爾享受在手帳上隨心所欲自由發揮。

work 1

因為換了新的綠色鋼筆墨水，而設計了一篇
由綠色調連結出關心大自然的手帳記錄。

1 緞帶

新添購的緞帶，用最簡單的方式：釘書機釘上最方便了。

2 舊郵票

舊郵票當裝飾品，是自己喜歡的色調。

3 封蠟

蓋上白色帶點綠的封蠟，除了增添層次感，封蠟圖案選擇搭配版面自由空
曠的心情。

4 碎紙張

隨手撕了紙張碎片，弄縐了再貼上當背景。手撕的感覺很隨性，無拘束。

work 2

記下在網路上看到的一段句子，收藏在手帳裡。

每一件小物都有一段故事，一張照片，一段文字。這些小插曲對我們意義也特別深刻。

1 黑色紙膠帶

以搶眼黑色的紙膠帶點綴，讓分散的設計穩重一點。（就感覺）

2 透明口袋

旅遊時收集到的卡片，想要融入手帳內，又不想完全固定著，也不想要被紙膠帶或任何其他設計干擾，所以選擇插入這透明口袋。

Tips

這方便的透明口袋也可以貼在文字上，因為是透明的所以除了可以在侷限的範圍內加個口袋收納，也可以看到原來寫在下方的文字。

3 淺黃綠背景

先利用染色顏料塗上，製造出淡淡的古老背景色調。也可以使用水彩來代替。

4 鉛字印

於台灣的「日星鑄字行」購買，自己創意拼湊的字句，可當印章使用。先用紙膠帶固定鉛字，以便蓋出整齊的字句，也可以方便地撕開轉換字句的排版：格子左右上下，或是打直、打橫。

work 3

吃到美味的零食也忍不住要收藏記錄。
零食後來換了包裝，但想念這曾經的味道，
順手把印象中的記憶封存。

work 2

添了一件黑色配飾，
版面就以黑色調作為主體。

1 封蠟

用來固定吊牌，和上方使用黑色紙
膠帶的方法產生不一樣的效果。

work 5

那一天中午在路邊草叢中發現了心形的葉子，遇見美
好的事物心情瞬間變美麗，立刻拍了照片上傳，直到
晚上那感覺還是依然存在，就這樣保存一份愛，回到
家馬上與手帳分享！
在凌亂的書桌上找到有這麼一張已不記得什麼時候隨
手撕下的紙片，再加上打字簡單的風格，樸素且真實。
有時候靈感就像落葉花瓣，隨風停留在身旁。

1 手機照片無線列印

手心裡捧著的心型葉子的照片,利用 instax SHARE 從
手機連結無線輸出。

2 花朵印章

小顆的花朵印章配上含蓄的粉色點綴。

在手帳上噴上新買的香水，讓手帳充滿優雅的味道。

1 黑色緞帶

　　包裝上的緞帶留了一小段，任性的用釘書機固定，故意讓它超出手帳版面，像是小書籤。

within you is a
stillness and a
sanctuary to
which you can
retreat at anytime
and be yourself.
~ Hermann Hesse

與你分享

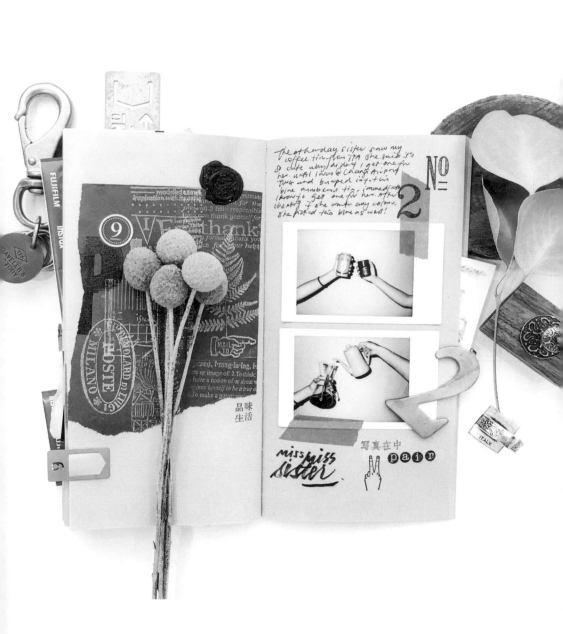

The other day sister saw my coffee tin from TPA. She said it's so cute why didn't I get one for her. Until I was @ Changi Airport two and bumped into this blue numbered tin, immediately I know to get one for her. After checking if she wants any colours, she picked this blue as well!

N° 2

品味
生活

miss miss
sister

写真在中   pair

When you do things from
your soul, you feel a river
moving in you, a joy.
- Rumi

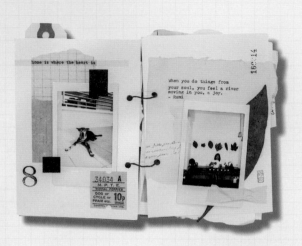

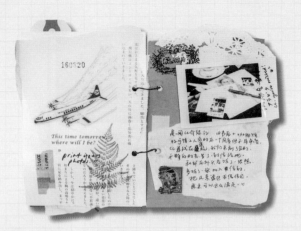

Within you is a
stillness and a
sanctuary to
which you can
retreat at anytime
and be yourself.
- Hermann Hesse

a visit to · 81·

No.0002

Today waking up by having lots of plans, but decided to go with something random / out of plan, so I asked YF if I can visit to her studio.

151025

Surprisingly she welcome without hesitation!

Cloudy Sky.

she No.0002

Then immediately, I went pack for some tools and pick up Angeline.

Drive for about an hour journey to sevenban, like an impromptu road trip which, I enjoyed so much!

1pm — C cozy little 5pm studio +30

Didn't manage to buy siew pao but we get to enjoy homemade cookies, tea & coffee!

Instant noodles also taste extraordinarily great!

moment

2 wildflower since

Spiced Chai we got all crazy buying and digging stuff!

5 back period: almost

something the time

For the first

Olive G

Artnii 69 Bamb

TA BI YO

...that you finally ...it to our humble ...iyo studio"! Thank ...for dropping by and ... you enjoy every ...ent 1)

...ou enjoy the ...paper & write yf

現在。外出

短短的相聚時光裡每分每秒都非常珍惜，想起了話題中一直離不開因為短暫聚首而覺得可惜。手寫記錄生活就是這麼有趣。

work 1

與文具朋友相聚的一天，手帳裡的照片顯示的是桌上隨
意的一角。大家忙著聊天，分享文具，蓋了幾個印章。
不完整的一個跨頁卻記錄了真實的一刻。

work 2

那次是追星的旅行，臨時訂購機票是為
了出席文具界非常有影響力人物的手帳
分享會。

對於歌迷的追星，是把簽名留在唱片上；
然而文具類型的追星，是在自己的手帳
上留言，手帳因此變得非凡，更顯珍貴。

work 3

❶ 時間

翻開好久前的手帳，發現這不起眼的時間紀錄，想起了那一天因為朋友晚上另有節目所以不能待太久，所以格外珍惜每分每秒，想起了話題裡離不開的惋惜。

work 4

1 地址

把喜歡的咖啡館地址記錄下來。

2 白紙

貼上一張白底的紙張記錄感想,和黑色的手
帳頁面來個對比。

一張手握菜單的照片,列
印在白紙上,依據線條修
剪下來,感覺挺立體的。

work 5

出遠門去參觀一家古老的印務
局,在旅遊手帳貼上印務局插圖,
記錄那一個星期天。

用了與主題相關的鉛字來點綴頁面。

work 6

店家名片是柔柔的粉色，裝飾上使用對稱的顏色來回憶這一天。

Sakura Souffle 3D 立體果凍筆。寫出來的字有微微地浮凸效果，非常有趣。

拍了幾張照片都想歸納在同一個跨頁，但又不想貼得滿滿的怎麼辦？那就由下方往上撕，做個收納口袋，左右以紙膠帶固定，就能解決這個問題。

work 7

在一個小鎮上隱藏這間美好文具店，好喜歡室內的氛圍，多拍了幾張照片。

1 拍立得上的黑點與線條

從裝潢中取得靈感，把拍立得上的標記也用畫圖方式畫下來。

和上一張重疊，掀開
起來會看到不一樣
的風景。

與你分享

旅 。手 帳

擁有一本「旅人手帳」，
去旅行當然要好好利用啊！

work 1

曾經非常積極的規劃 3 天 2 夜的鄰國旅遊，也因為是第一次參與 mt 展而特別興奮，沖洗出照片把旅程和心情記錄填滿了 64 頁的空白內頁。

work 2

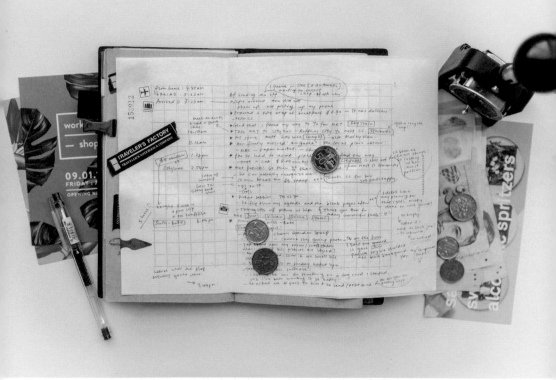

也曾經因為工作忙碌，快速地使用了2頁信紙，
在日常的手帳貼上作為延伸頁面。

大張的信紙摺疊貼在手帳上，
一個延伸的大跨頁一目了然。

work 3

另一種裝飾方式，總結 3 天 2 夜之旅。

how to

1 隨手撕一段自己想要的紙膠帶長度。

2 雙手握著兩邊，把紙膠帶向內擠捏弄
縐，再輕輕拉開。但別拉得太平以免
失去原本的縐痕。

3 在貼上的同時，也可以推出自己想要
的造型。

Tips

旅行回家，除了滿滿的回憶，也收集了許多票根、DM、包裝紙張、收據、照片等。可以先依據日期分類，再於手帳內編排。

1 用拼貼的方式把收據、
照片重疊貼上。

2 模仿了日本某一家文具店陳列
商品的模式：用可愛的字體寫著
「sample」。再利用在店內買到的
超迷你夾子固定，加上隨意的把內
容（收據／設計紙張）貼出手帳頁
面外，除了有不同厚度，更有不同
長短的效果，不但使手帳頁面豐富
更瞬間添加多層次感。

Tips

把解開手機 sim 卡的工具用紙膠帶貼在手帳
上，旅行途中需要更換當地號碼時，便可以
輕鬆解決換卡的問題。

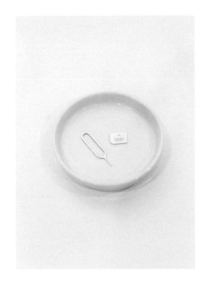

work 5

牛皮紙口袋帳，旅途中收集到的紙張或卡片都可以收納進來，用來剪貼裝飾內外，好有旅行的味道，讓生活中的每一天都像在旅行一樣開懷。

不想忘的
絮語

每個人都是獨一無二，像是個人經歷的
風景、走過的故事，手寫的筆畫字跡。
我喜歡收集字跡，總愛讓朋友們在手帳
上留言紀念。

乾燥花

Tips 　手帳裝飾的好朋友，除了文具，新鮮或乾燥花
也能給予不同的溫度，平常的日子裡總離不開
植物。用來作為裝飾或擺放，更增添了層次。

花型貼紙

壓平的葉子

每天為自己留下一些反思的空間，

即便只是向手帳報告日常，

慢慢記錄下來也會在不經意間發現美好的生活點滴。

有時候就算不寫什麼只是裝飾漂亮的頁面，

也是讓自己一整個星期有個美好的開始。

6

F S S
1 2 3
8 9 10
15 16 17
22 23 24
29 30 31

Looks like postman

READ FINE PRINT
LIGHT UP THE ROOM

The biggest room in the world is room for improvement '''

6.

DROGE

Find my existence by doing more things i love, i enjoy ♪ ∴

The kind soo meng picked this for me !!

Thank you!

10 pilot
0PM -100-MEF
>BF<

D Dinner

版面可有多元發揮方式，主要的
手帳好朋友離不開曲線、直線；
筆墨粗細或深淺變化；貼紙或紙
膠帶。

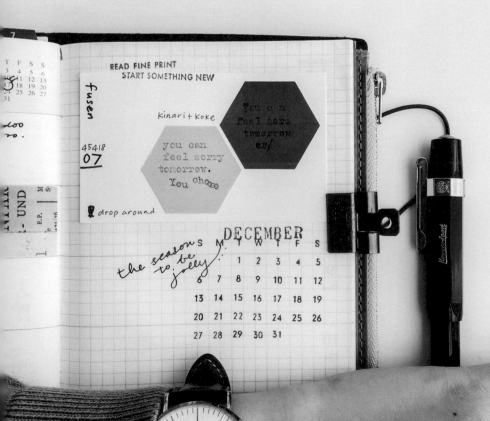

日常用來裝飾的小紙片、照片或卡片；
名言或流水帳；彩色或黑白；平凡樸
實或華麗豐富……

無論如何，

在填滿一星期的最後一天，

會發現自己把生活過得很不一樣。

與 你 分 享

Weather you're keeping a
journal or writing as a
mediation, it's the
same thing. What's
important is you're
having a relationship
with your mind.
— Natalie
Goldberg

書信裡的
風景

將朋友的信件收納進手帳裡，讓自己
在那一天也彷彿多了一道遠處的風景。

志同道合的朋友，把旅途中在深秋的京都撿
到的楓葉和銀杏與書信一同寄來，輕輕地填
寫在手帳內，讓人不禁被那色調和濃濃的意
境感染了。

1 白色印章

在黑色字句間蓋上濃白色印章，隱約
的點綴。

2 古董號碼章

古董的自動號碼，剛好六位數，調整到當天的日期
（年月日），當作日期章使用。

3 毛筆

用毛筆尖的筆來寫書法，特別濃郁。比較
起鋼筆的細膩，粗粗的字體多了一份粗獷。

work 2

把小信封袋口撕開，也因為信封袋口較寬，手帳版面也跟著打橫來寫，保留了袋子上友人的字跡和設計巧思，也可以把多的拍立得照片收納進來。

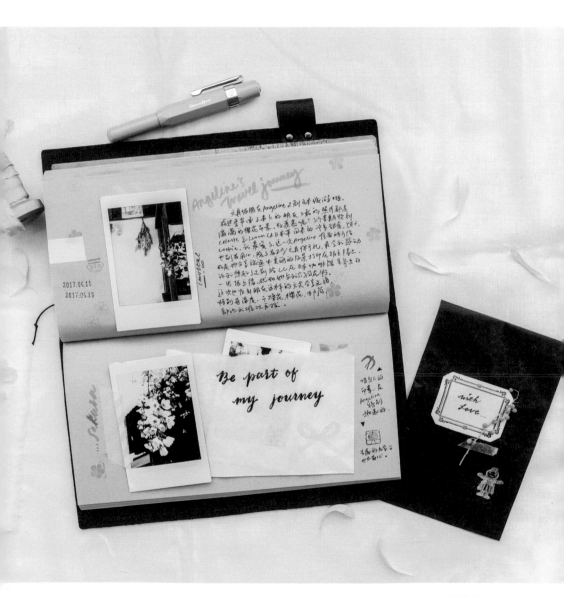

友人分享旅途的另一個季節風景,搭配了拍立得照片和櫻
花明信片,完全被這美好的春天圍繞。

郵件 通信記錄

自從較頻繁的和來自世界不同角落的朋友通信了一段時間，開始對自己的通信「次數」感到好奇。於是決定使用一本專屬的通信記錄手帳。

在尋找一本適合的手帳格式時，機緣巧合下找到這本「Hightide」週間手帳。除了平日慣用的皮革封面手帳，也被這素色的麻布封面吸引！除了手感佳，顏色溫潤之外，還有兩個口袋便於儲存小卡片或是各類剪貼，封套還附有筆套，是非常貼心的設計。

2016

WEEKLY SCHEDULE

DECEMBER 2015 · DECEMBER 2016

裝飾一下首頁，
開啟美好的旅程。

HIGHTIDE

重點是，深深覺得這手帳的格式是完全適合
作為信件記錄。印有日期的內頁忠實地呈現
多信件時的豐富，和沒有信件時的寂靜。

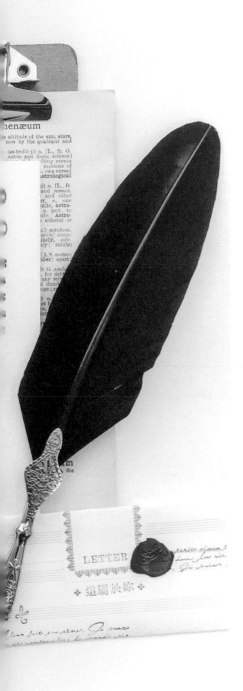

格式的安排也很周到，劃分每個月初是月間，
可以安排接下來一個月的活動，被我用作為
總結一個月的信件來往。

P 表示 posted（寄出）
R 表示 received（接收）

如此一目了然，也同時提醒自己，寄出的信
比較少時得加把勁。若是收到很多問候則覺
得溫暖，時刻提醒自己要感恩。

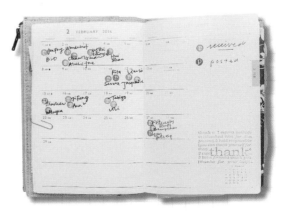

月間之後還有一個跨頁是備忘錄的格式，

用來安排接下來要回信的朋友名單，

或是要分享的小東西，很加分的設計！

outgoing mail to CC. ♡ 2016.4.05

/ ephemera
/ insta photo
/ Bookmark, insta stripe
        w/ rabbit packaging.
/ Bali wooden spoon + classity
        napkin
/ 过届子娟 letter.
/ written word wax seal 'C'
/ Manual factory Bear.
        'Cute companion'

CC picked up
from post
office
2014/1/16

Outgoing mail to RITA AU (HK)
/ HK stories set card
/ letter 过届子娟
/ 3 mths & tin   2016.4.05

3 MAR

記錄購物：待接收

喜歡網購商品給自己，享受那打開包裹的感覺！也有些時候本地沒辦法買到理想的物品，只好向國外訂購。國外郵寄時間往往很長，擔心時間太長反而忘了，便會記錄下購買的商品、賣家和購買的日期。期待包裹的心情是美好的。

這款手帳的格式主要是週間，左頁是週間計劃編排格，右頁橫罫筆記空間。避免便條紙張丟失，迴紋針這時就可派上用場。

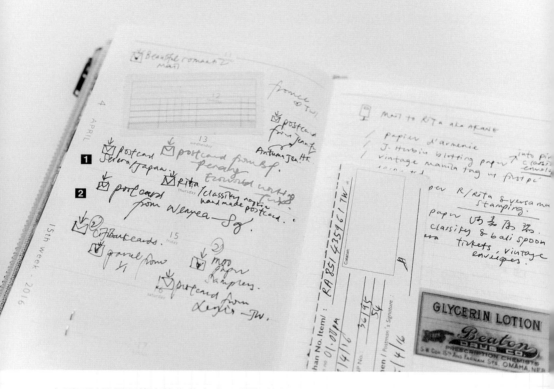

左頁可以簡單記錄寄件人的名字，郵件地點。例如：
在香港的朋友到日本旅遊，或是本地朋友到新加坡寄
出的明信片，這樣意義便不一樣了。

1 postcard／Serena／Japan
2 postcard from Wenyea／SG

左頁可以更詳細的記錄細節／
郵件規格

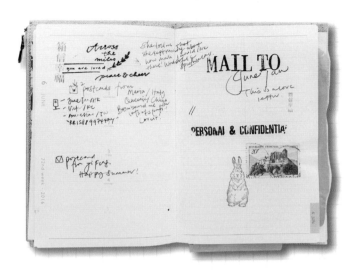

感想

1 收到驚喜的明信片，但因為寄件人用簡寫的簽名，我擺了烏龍卻向另一位朋友道謝，鬧了
笑話，但事後想想卻是有趣的。

2 明信片裡朋友留下了特別的字句，也把它抄進本了裡。

以號碼印章，將不同顏色
書寫段落分類，一目了然。

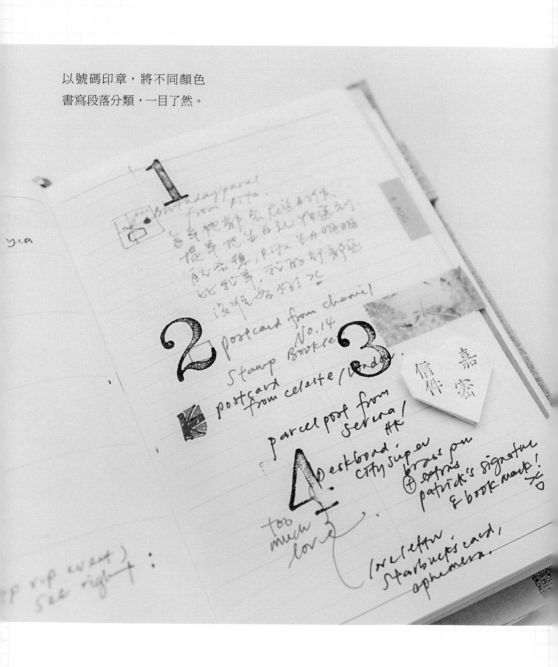

PART 2

復古時尚：和封蠟章擦出火花

以前總覺得封蠟離我非常遙遠，那是古代歐洲信件的文化樣貌。但自從接觸後，卻深深的為封蠟著迷，像是烙印在紙上無法自拔。

封蠟別名／火漆，封口漆，封印蠟，sealing wax
封蠟章別名／火漆印，wax seal，wax seal stamps

封蠟章的
類型

基於需要耐熱的條件，封蠟章的印
面多數為金屬製，握柄則有許多不
同材質及風格的設計。有花俏款
式，也有簡單內斂的款式。

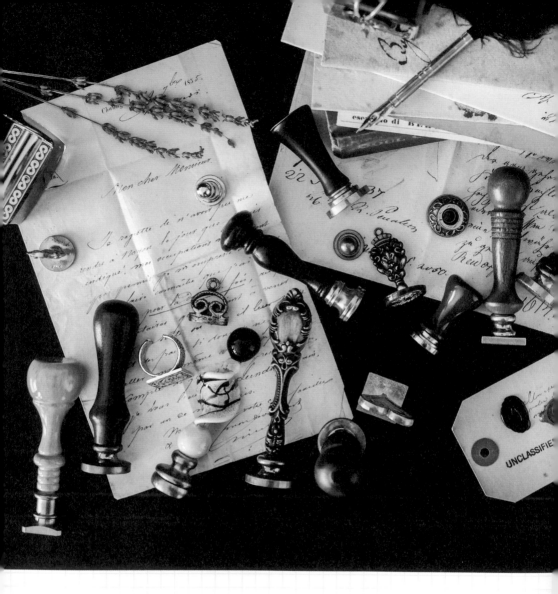

收藏庫

除了著迷與封蠟章的外型設計，對於印面圖案款式更愛
不釋手。從英文字體、可愛造型、筆墨相關、花草系列，
連特別象徵的圖案都愛收藏。

原木握柄

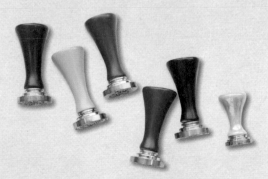

彩色握柄

迷你銅金屬

喜歡的封蠟章圖案可能不容易尋獲，除了專屬的封蠟章，只要有能耐高溫的材質都可以嘗試。由於這些印章原本用於沾印泥蓋印，配合封蠟的使用，反而有了凹凸相反的效果。

1 陶瓷
2 鉛字

封蠟類型 &
使用技巧

脆質封蠟

由於傳統封蠟的用途在於封存機密文件，一旦被打開蠟印也會被撕裂，所以封蠟的質料質料較脆也易碎（brittle sealing wax）。傳統類型的封蠟需更長的待乾時間，要是蠟還沒完全冷卻，硬取下蠟章會造成蠟卡在章面的細節內。而對於這一類型的蠟需要更多耐心，但蓋出來的質感也多了份古老的韻味。

軟質封蠟

現代使用封蠟多數是讓信件／手作增添
美感，欣賞價值高，所以材質也進化成
屬於軟質的封蠟（flexible wax seal），
好處是只要慢慢打開，可以完整保留封
蠟圖案而不易碎，除了方便收藏紀念，
封蠟顏色的選擇也非常廣泛。

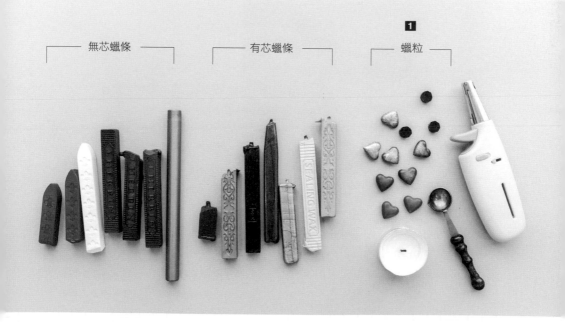

無芯蠟條　　　　有芯蠟條　　　　蠟粒　**1**

1 特徵：因為是固定尺寸，只要掌握封蠟章不同尺寸需要的蠟量，
　　便可達到較精準的份量。
　　搭配用品：茶光蠟燭，湯匙，打火機。

如何使用無芯蠟條

方法 1

1 有些圓形無芯封蠟條是設計給熱熔槍使用，方便大量製作，但不方便換色。個人建議把蠟條剪切成小塊。

2 放入湯匙內融化。

方法 2

1 把封蠟條隔著湯匙燃燒至溶化到足夠的份量。這樣可避免火勢直接碰觸蠟條，也避免了蠟印變黑的情況。

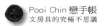

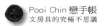

如何使用有芯蠟條

1 有芯蠟條方便使用，點燃了芯即可讓蠟滴在要封口的位置。但也因為點燃的火與蠟條直接碰觸，很容易有變黑的情況。要避免封蠟變黑的要訣是以 90 度握著封蠟條，然後慢慢地旋轉。

＊向上握會有蠟滴到手指的窘況，而蠟條向下會使火燃燒到封蠟的面積大而快速變黑。

2 蠟條燒到太短時可以切開，把芯取出再放入湯匙內使用。

如何使用蠟粒

1 把蠟粒放在湯匙內加熱，保持適當的距離讓蠟塊均勻地融化，以防過熱的蠟起泡而導致形狀與效果不佳。

如何清理湯匙換色

1 使用後的湯匙會有殘留的封蠟。

2 建議使用厚厚的紙巾覆蓋在湯匙上下，把蠟印都掏乾淨。

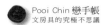

封蠟加工設計

為了使封蠟的圖案更凸顯，
可以利用金屬印泥來加工。

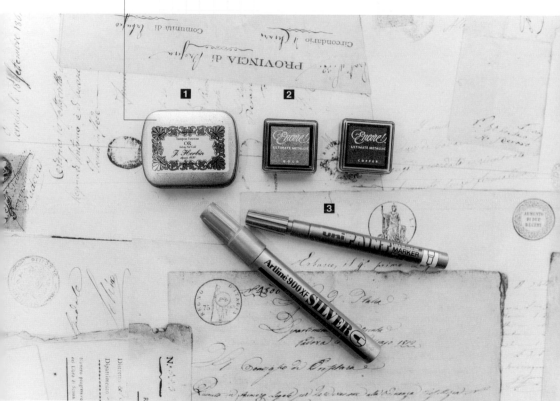

1 J Herbin 牌子封蠟章專用的金色印泥 。

2 Tsukineko 品牌 Encore 金屬系列印泥也可作為取代。

3 金屬漆 Artline／Uni 麥克筆。

印泥和封蠟的運用

方法 1 印泥效果出現在圖案凹下的部分。

可以把封蠟章直接先沾上印泥,再蓋在
蠟上。

方法 2 印泥效果出現在圖案凸起的部分。

1 用棉花棒沾上後,在突起部分塗抹。

2 或是直接用手更快,嘻!

＊由於蠟和印泥都屬於油性,蓋上之後等
　待乾的時間長至數天。經歷太多的摩擦
　還是會使金屬印脫落。

麥克筆和封蠟的運用

1 以金色筆在凸起部分輕輕地描繪。

2 以銀色筆在凸起部分輕輕地描繪。

封蠟烙印
設計

滿足手作欲，又能輕鬆開啟的封蠟蓋法
有時手作人會覺得信件要蓋上封蠟才算完美，但反
而讓收件人感到懊惱：「這要怎麼打開啊！」、「我
不想把信封撕破！」。分享四項技巧讓手作人滿足
自己想玩封蠟的欲望，也能讓收件人輕鬆開啟信
件，真是個貼心的表現！

work 1

直接蓋在信件上

how to

1. 2. 3.

1 把信紙摺起來，可以先把紙膠帶貼在背面。

2 開始玩火的大人遊戲。

3 要是太熱而使蠟融化起泡，可以把湯匙提高，再用牙籤慢慢地攪拌。當溫度降低泡泡就會減少，可避免效果不佳。

4 把蠟全部倒在要蓋的地方上。

5 從中間處蓋上延伸的效果較好。讓蠟液靜止冷卻至少十秒鐘才把章拿起來（＊冷卻時間因蠟而異）。

6 最後可以印上收件人的名字。收件人可能會說「這樣我怎麼捨得打開？」有沒有發現，有了紙膠帶在封蠟下，就更容易把信件打開來啦！

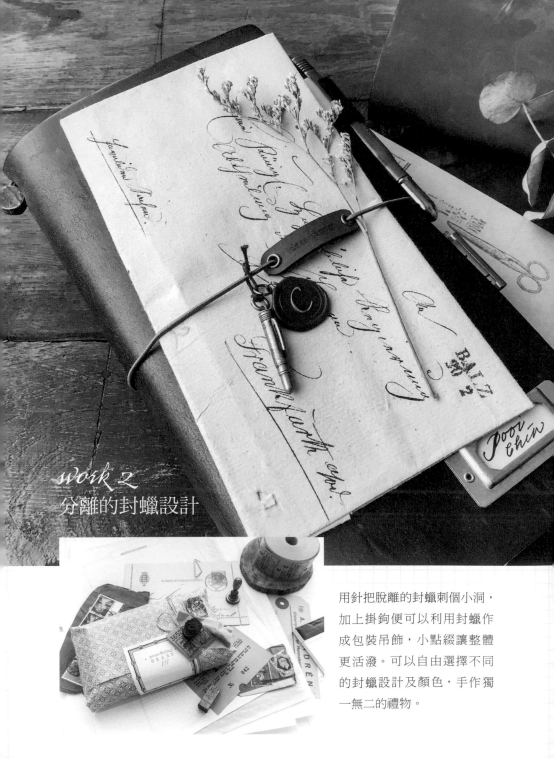

work 2
分離的封蠟設計

用針把脫離的封蠟刺個小洞，加上掛鉤便可以利用封蠟作成包裝吊飾，小點綴讓整體更活潑。可以自由選擇不同的封蠟設計及顏色，手作獨一無二的禮物。

how to

輕鬆解開封蠟的祕密武器

1 用油性紙質墊底，例如選擇油紙。

2 或先在紙張上鋪上紙膠帶。

3 由於油紙或紙膠帶的表面光滑，只要把蓋上去的封蠟掀開來，就可以輕鬆脫離。

4 完成。

The things you are most passionate about
are not random, they are your calling.
-Fabienne Fredrickson

sPECIAL
DELIVERY

how to

1 在信紙／信封上用繩子纏繞。

2 打個小結,再用紙膠帶把繩子
兩邊固定。這樣便可以選擇繩
子的弧度曲線和方向。

3 在底下加上另一張小紙張,把
蠟滴在小紙張上。

4 壓上封蠟章。

5 把固定的紙膠帶取下,修剪繩
子的長度。

6 這樣就可以輕鬆把封蠟和信紙
分離了。

Bonus: 學會了製作分離的封蠟,可以做
出幾個不同的顏色,方便搭配及選擇蠟色。

work 4

封蠟不封

DEAR
FRIEND

A single rose can
be my garden...
a single friend,
my world.
- Leo Buscaglia

how to

1 選了一大一小，一凹一凸
（鉛字 & 封蠟章）來創作。
把封蠟蓋在不會阻礙信封
打開的地方。

2 再於信封背面用紙膠帶封口就行了。

3 收件人可以保留信封表面
的封蠟完好無損而輕鬆打
開內容。

更添層次封蠟設計：
點綴上小花

how to

1 準備一些小花瓣，輕輕放
在蠟液中。

2 蓋上章。這款示範選擇了小鳥叼著信件的蠟
章圖案，把花瓣擺在旁邊猶如小鳥飛往美麗
的方向。

3 再用金漆麥克筆加工讓圖
案更突出。

與你分享

也可以加上緞帶點綴。

Never let it be said that to dream is a waste of time, for dreams are our reality in waiting. In dreams we plant the seeds of our future.

May you touch dragonflies & stars, dance with fairies & talk to the moon.

By choosing to be our most authentic & loving self, we leave a trail of magic everywhere we go. Emmanuel

work 6
混色的旋律

搭配不一樣的顏色營造出其不意的結
果，色彩就是如此的奧妙與充滿驚喜。

混色的效果

how to

1 挑出顏色併在一起。

2 燒至溶化。

3 這樣倒出來的蠟液會呈現
  線條與曲線,特別迷人。

和身邊的人一起「瘋啦！」（封蠟譯音）

因為著迷於封蠟章，所以在送禮的特別日子，總愛為文具
朋友送上個封蠟章。在盒子裡準備了小紙條，試蓋了一個
印後再放入。封蠟章其中一項特別之處是，即便使用過看
起來還像是全新的。

with all of my
heart.

yours sincerely

與你分享

靈感分享，作品集

花朵和封蠟章的融合

在家裡的庭院散步，發現爸爸種的幾個盆栽開花了！腦海不禁冒出想讓封蠟章
一同慶祝這茂盛的季節。挑選了自己喜歡的幾款封蠟章，搭配上基本封蠟的色
調，在四周散落的蠟印像是在播種。標記每個字母的代表性，願身邊的人和環
境都更美好。

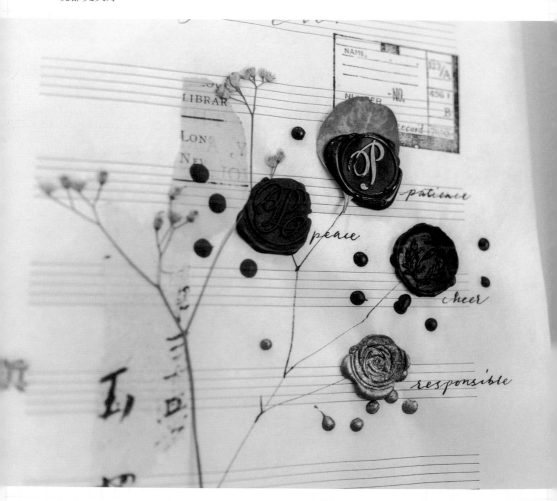

Beauty is everywhere

只要你用心感受

在日常生活、工作上偶爾遇到挫折，先別氣餒，只要再比
平常多花一些心思，縱使結果不是最完美，但學習的過程
中一定會讓自己在未來獲益。我始終這麼相信。

意外的浪漫

靈感強求不來，但它有時候就突然隨風而至。某個下午，心情平靜，在包裝這封信時，心裡想的是一種乾淨的元素。最後選擇了米白封蠟，桌面上剛好有之前在花園撿到的茉莉花，幾天後從小白花變成了乾燥小紫花。就這樣子扔掉也未免太可惜了，隨手灑在四周，蓋上印章，是種意外的浪漫。像是帶著紫色茉莉花香的柔順白色巧克力。

就這樣揮灑自如

場面一片混亂的白色封蠟。在倒封蠟時發現不能中斷，而拉出了絲絲蠟液。反正已控制不了，那就讓它更放肆的去吧！提醒自己享受當下，反而會有意想不到的結果／驚喜。

親近大自然

心想靠近那遙遠天空，
擁抱溫柔的色調。

就是想要表現浪漫

純粹就只因為那一天桌面上有灰色的絲綢緞帶，想設計一些可以搭配那溫柔的顏色。隨手調和了嫩粉紅和白色，光這樣看著也很滿足。

Tips

表面太凹凸較難呈現完美的效果。建議若是繩子／蝴蝶結太厚，可以蓋在尾端處。

一顆、很多顆棋子

獨一無二的戰隊。

來自真心的你

Yours Sincerely：寫信或是
電郵會用到的詞語，不管
時代或是科技在改變，心
意始終不變。把手寫的字
體翻成電子檔案設計了這
一款簡單用語。

PART 3
書寫 vs. 手作的美好年代

醉心手寫文字，
也對分享手作品情有獨鍾。
享受投入心思將禮物包裝好，
讓收禮者有更愉悅的好心情。

手作小物：讓自己享受
創作過程的愉悅，也讓
受贈的人感受幸福。

裝飾袋子。

小卡片：把要分享的漂
亮杯墊蓋上溫柔的字
句，鼓勵筆友多喝水，
讓簡單小禮變得獨特且
貼心。

work 1　在封面蓋上鑰匙圖案，內側蓋上門鎖，
象徵打開了一絲溫暖鼓勵。

今日名言

利用描圖紙做個小信封。偶爾在網路上發現一些有意義的名
句，或是自己的座右銘，都可以藉此分享給身邊的朋友，讓
大家周圍有滿滿的正向能量。

how to

1 把描圖紙切割成長方形，摺成三褶（建議使用滾輪雙面膠帶，那麼描圖紙不會因為濕氣而彎曲），把下兩段的左右邊貼起來，就是一個收納口袋啦！

2 或是以紙膠帶把左右兩邊貼起來也快速做成一個口袋。

與你分享

分享一位朋友的郵件部分內容。含有自己蓋印創作的小紙條和手作信封內，收納這一片落葉。
柔柔色調，簡單的心情分享讓我感動久久。

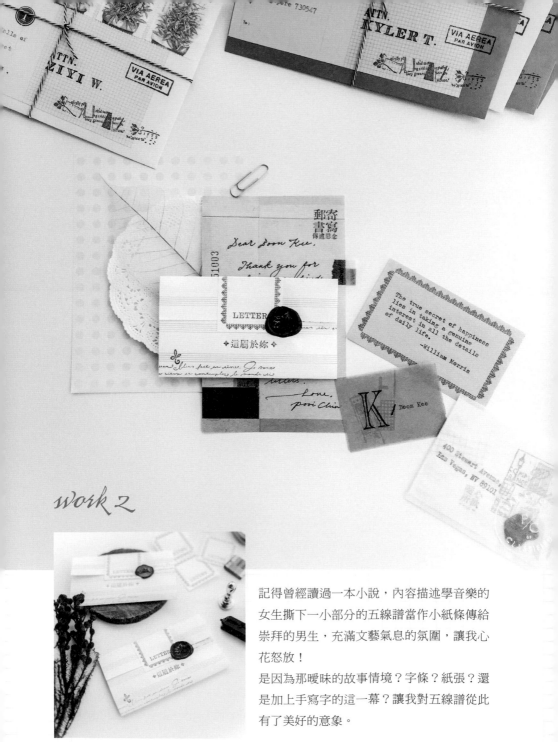

work 2

記得曾經讀過一本小說，內容描述學音樂的
女生撕下一小部分的五線譜當作小紙條傳給
崇拜的男生，充滿文藝氣息的氛圍，讓我心
花怒放！

是因為那曖昧的故事情境？字條？紙張？還
是加上手寫字的這一幕？讓我對五線譜從此
有了美好的意象。

The true secret of happiness
lies in taking a genuine
interest in all the details
of daily life.
―William Morris

這屬於你！

在包裝上常用的字眼「for you」，翻譯成中文突然間不知該怎麼表達。「這給你」？
有點小女人撒嬌的感覺不錯！還是像有點霸氣的在送禮？
最後選擇了「這屬於你」使用中文的鉛字，有如報章上用的宋體字款，正式得體，
氣質滿滿。

1 五線譜便箋簡單地摺了兩褶，製作成簡單
的包裝袋／封套。

2 再以另外一張小紙條固定，做成一個封
套。套在摺疊起來的信紙。

work 4

包裝了一份自己喜歡的便條紙分享給朋友，
標記上「write a note for someone」。希
望友人用漂亮的小字條，書寫上文字傳
達給更多身邊的人。

1 先貼上小白紙與訊息，再搭配長方型郵票和四方形封蠟，
讓整體設計更一致。

2 搭配小圓型印章緩和了全是方型的氣氛。

3 配合白色紙條原本蓋有的號碼也蓋上日付。

work 5

旅遊時買到的小餐具，馬上想到多帶一些
回來和朋友分享。搭配紙巾一起呈現。

與你分享

到一家朋友推薦的咖啡館，卻和她擦肩而過沒遇上，在店外頭拍了一張照片寫了封
信。借此表達雖然彼此不在身邊，但將文字和風景放入信封寄出，願他也能感受到
那片刻的美好。

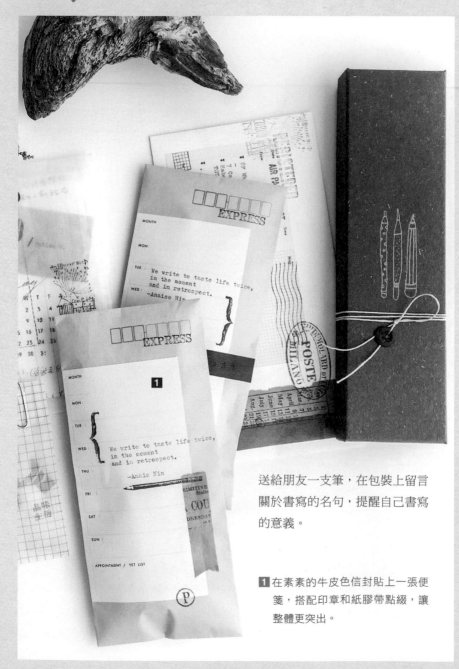

work 6

送給朋友一支筆，在包裝上留言
關於書寫的名句，提醒自己書寫
的意義。

1 在素素的牛皮色信封上貼一張便
箋，搭配印章和紙膠帶點綴，讓
整體更突出。

work 7

利用可愛兔子印章作為包裝封面的焦點。剛好兔子的像是雙手合十，便搭配紅色紙繩，讓兔子獻上祝福給收信人。

work 8 DIY 信封解鎖，增添開啟信件的樂趣。

how to

1 切割另一張卡紙。選一個和信封顏色
不同的會更為突出。

2 量好位置再打洞。

3 先在圓形卡紙裝上金屬護圈。

4 轉向背面打個結。

5 套在信封上。

6 以金屬護圈打孔機壓緊鎖住。

7 調整繩子的長度，在金屬護圈環繞固定，最後修剪即完成。

work 9 半透明包裝總能魅力加分。

1 迴紋針

為了確保從外能夠整齊地看到內容，可利用迴紋針把易移動的內容固定。

2 可重複黏貼膠帶

想讓包裝簡約，可使用能重複黏貼的滾輪膠帶將袋口固定。

how to

可重複貼的膠帶

想讓包裝更簡約，也想換口味不使用紙膠帶封口，
可重複黏貼的滾輪膠帶就能用小紙張把袋子的封口
固定。

1 可以選擇票根或是其他的小紙張，滑
上可重複黏貼膠帶。

2 再加點小巧思。

3 收件人可以輕鬆打開，之後還可以像紙膠帶一樣重複貼回。

work 10 郵寄小插曲

我以對自己居住的地方僅有
地理知識畫下簡圖，標記是
那一條路的第二家。抱著期
待及小小不安。

在網路上讀過一篇文章，一名美國男子嘗試許多極富創意的郵寄方式，但最終信件
都能安全送達！其中一種特別讓我感興趣；以繪畫地圖來標明所在地，而非明確的
把地址一字一句地寫上。

記得收過幾封信件，因為對方把收件地址的郵遞區號寫錯了，結果正確的地址資訊
剩下門牌和路名，但信件還是安全地寄到我手裡。非常佩服郵差叔叔的用心及重視
每一封信。

想說，我可以再和郵差玩這個遊戲嗎？

擦肩而過的一封信。寄給台灣筆友的一封信，寄到台
灣後竟被退回馬來西亞。環遊了一個月的文字心情，
最後決定保留起來。可能自己會在某天某日打開重
溫，或是把一個藏了好久的小小事，再次分享給她？

因為郵寄，也收到了許多筆友和朋友的信件、包裹。看著那些寫著中文、英文的信件，內容多元、豐富，且充滿愛的心意，特別買了一個大型的抽屜櫃，獻給我的郵件們，讓他們有一個完整的家。

手寫之所以美好又療
癒，因為是用筆刻畫在
紙上，比起在手機或鍵
盤上輸入內容能輕易地
刪除或修改，書寫的過
程則需要更多思考，讓
人能進一步釐清思緒再
寫在紙上，更顯珍貴。

而手作，因為不是機械化，
每一樣成品都獨一無二，
講究的是耐心和心思的付
出。在製作的人樂在其中，
也願收到的人感受到細膩
的溫柔。

信紙品牌分享

Classiky 倉敷意匠

Tosawashi

信紙品牌分享

Furukawashiko

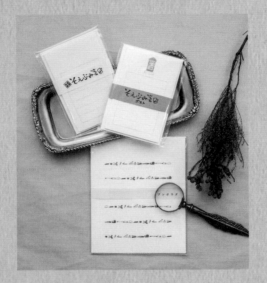

Kakimori

PART 4

逛逛馬來西亞文具店

也許是居住地附近不容易買到喜愛的創意文具，
因此特別珍惜在地的每一家特色文具店，
店主們的選物及背後支撐他們的理念。

*店鋪資料以店家官網所載為準。

座落在小鎮上，交通繁忙的大馬路旁的一家日式精選文具店。大
片的落地窗，陽光灑落進店內，是個美好的去處。店裡的文具品
有：手帳，包裝材料、信紙等，從選品能感受店主對品質的要求。
商品旁都附有小卡片詳述各品牌的來歷與故事，讓人對商品能有
更多的認知和了解。

Tabiyo Shop

地址：92, Jalan Dato Bandar Tunggal, Bandar Seremban,
70000 Seremban, Negeri Sembilan, Malaysia.
網址：http://www.tabiyoshop.com/
＊照片由店主提供。

Pipit Zakka Store

沿著樓梯爬上二樓，進到一個由原木裝潢的主題空間，空氣中流瀉著輕柔的音樂特別有格調。店主會在每個商品旁示範使用方法，為文具的陳列加分。

Pipit Zakka Store

地址：11-2, Jalan Menara Gading 1, Taman Connaught, 56000 Kuala Lumpur, Malaysia.

網址：http://www.pipitzakkastore.com/

Czip Lee

鬧區裡的文具店，商品分門別類因有盡有。從基本款文具，如原子筆、
鋼筆；練習簿、多種類手帳本和各式各樣的手作用品與材料，商品齊全。

Czip Lee

地址：1 & 3 Jalan Telawi 3, Bangsar Baru,
59100 Kuala Lumpur, Malaysia.
網址：http://www.cziplee.com/
＊照片由店主提供。

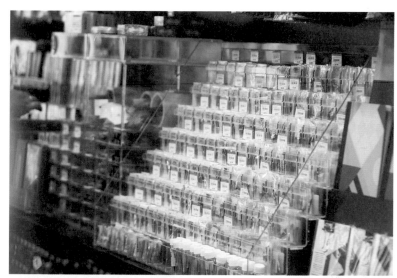

Stickerrific

隱藏在購物廣場裡的一家文具店，一進店裡迎面而來是就一面滿滿的紙膠帶牆。文具類型的選擇具多樣化，從水彩顏料，毛筆，英文書法用具到可愛的貼紙類。店內還有小空間可書寫手帳，還有店貓陪伴，特別有意思。

Stickerrific

地址：F-85-3.1, Jaya One, Jalan Universiti,
Petaling Jaya, Malaysia.

網址：http://www.stickerrificstore.com/

Sumthings of Mine

滿滿原木氣息的一間店，古董櫥櫃裡擺放著
的商品也變得特別有韻味。店主引進許多個
人品牌設計師的文具商品，與市面上的風格
相較更具獨特性。

Sumthings of Mine

地址：Upper floor, PT 4963, Jalan TS 2/1,
Taman Semarak, 71800 Nilai, Negeri Sembilan, Malaysia.
（需預約）
網址：https://sumthings-of-mine.myshopify.com/
＊照片由店主提供。

封蠟章網購好去處

因為超愛，所以無論是到國內旅遊或是海外購物，
總愛到處尋找不一樣的封蠟章款式／設計，以下分
享一些我愛去的採購的店家。

所在地	店名	網址
香港	Backtozero	http://www.backtozero.co/
馬來西亞	Stickerrific	http://www.stickerrificstore.com/
馬來西亞	Tabiyo Shop	http://www.tabiyoshop.com/
台灣	小品雅集	http://www.tylee.tw/
台灣	瑞文堂	http://www.pinkoi.com/store/rewen-shop
日本	iloya	http://store.ito-ya.co.jp/
日本	Giovanni	http://www.giovanni.jp/
美國	LetterSeals.com	http://www.letterseals.com/
美國	Nostalgic Impressions	http://www.nostalgicimpressions.com/

{後記}
文具控語錄

「他們問：『為什麼花錢買舊的紙張？』
　他們不懂。」

「旅行帶回來的手信
都是紙張、文具。」

「寧願少吃一些，
也不可以犧牲文具。」

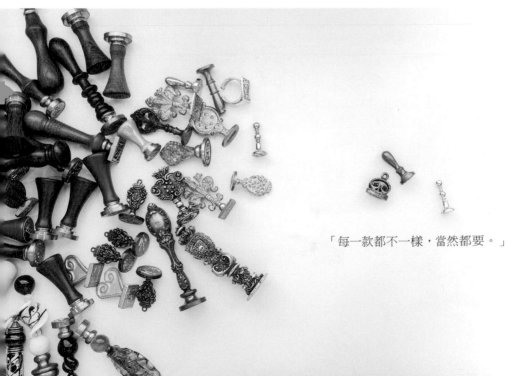

「每一款都不一樣，當然都要。」

「有太多不同的墨水，
　就需要很多支筆來裝啊！」

「沒有多少文件需要夾，
　擺在書桌就很療癒。」

「像舊時辦公桌，滿滿的印章，
這樣才對。」

「送給朋友的禮物都是文具。」

「擺的不是金銀首飾，你懂的。」

bon matin 104

Pooi Chin 戀手帳 文房具的究極不思議

作　　者	Pooi Chin
總 編 輯	張瑩瑩
副總編輯	蔡麗真
主　　編	莊麗娜
美術編輯	MISHA
攝　　影	Pooi Chin／ChongYee Photography
封面設計	TODAY STUDIO
責任編輯	莊麗娜
行銷企畫	林麗虹
社　　長	郭重興
發行人兼 出版總監	曾大福
出　　版	野人文化股份有限公司
發　　行	遠足文化事業股份有限公司
	地址：231 新北市新店區民權路 108-2 號 9 樓
	電話：（02）2218-1417　傳真：（02）86671065
	電子信箱：service@bookrep.com.tw
	網址：www.bookrep.com.tw
	郵撥帳號：19504465 遠足文化事業股份有限公司
	客服專線：0800-221-029
法律顧問	華洋法律事務所　蘇文生律師
印　　製	凱林彩印股份有限公司
初　　版	2017 年 8 月 2 日

國家圖書館出版品預行編目（CIP）資料

Pooi Chin 戀手帳：文房具的究極不思議 / Pooi Chin 著 . -- 初版 . --
新北市：野人文化出版：遠足文化發行, 2017.08
76 面；15X21 公分 . -- (Bon matin；104)
ISBN 978-986-384-212-5(平裝)

1. 文具
106010649　　　　　　　　　　　479.9

野人文化
讀者回函卡

感 謝 您 購 買 《　　 Pooi Chin 戀手帳　　》

姓　名 _____ □女　　□男　　　年齡 _____

地　址 _____

_____

電　話 _____ 手機 _____

Email _____

□同意　□不同意　收到野人文化新書電子報

學　歷　□國中（含以下）　　□高中職　□大專　　□研究所以上
職　業　□生產/製造　　　　　□金融/商業　　　　□傳播/廣告　　□軍警/公務員
　　　　□教育/文化　　　　　□旅遊/運輸　　　　□醫療/保健　　□仲介/服務
　　　　□學生　　□自由/家管　　　　□其他

◆你從何處知道此書？
　□書店　□書訊　□書評　□報紙　□廣播　□電視　□網路
　□廣告DM　□親友介紹　□其他

◆您在哪裡買到本書？
　□書店：名稱　□網路：名稱 _____
　□量販店：名稱 _____　□其他 _____

◆你的閱讀習慣：
　□親子教養　□文學　□翻譯小說　□日文小說　□華文小說　□藝術設計
　□人文社科　□自然科學　□商業理財　□宗教哲學　□心理勵志
　□休閒生活（旅遊、瘦身、美容、園藝等）　□手工藝／DIY　□飲食／食譜
　□健康養生　□兩性　□圖文書／漫畫　□其他 _____

◆你對本書的評價：（請填代號，1. 非常滿意　2. 滿意　3. 尚可　4. 待改進）
　書名 _____封面設計 _____版面編排 _____印刷 _____內容 _____
　整體評價 _____

◆你對本書的建議：

_____

_____

_____

野人文化部落格 http://yeren.pixnet.net/blog
野人文化粉絲專頁 http://www.facebook.com/yerenpublish

廣　告　回　函
板橋郵政管理局登記證
板橋廣字第１４３號

郵資已付　免貼郵票

23141
新北市新店區民權路108-2號9樓
野人文化股份有限公司 收

書名：Pooi Chin 戀手帳 文房具的究極不思議
書號：bon matin 104